CON GRIN SUS CONOCIMIENTOS VALEN MAS

AF153555

- Publicamos su trabajo académico, tesis y tesina

- Su propio eBook y libro - en todos los comercios importantes del mundo

- Cada venta le sale rentable

Ahora suba en www.GRIN.com
y publique gratis

El desarrollo de la habilidad, resolver problemas combinatorios en la Matemática aplicada con enfoque de ciencia tecnología sociedad

Bibliographic information published by the German National Library:

The German National Library lists this publication in the National Bibliography; detailed bibliographic data are available on the Internet at http://dnb.dnb.de.

ISBN: 9783346902160
This book is also available as an ebook.

© GRIN Publishing GmbH
Trappentreustraße 1
80339 München

All rights reserved

Print and binding: Books on Demand GmbH, Norderstedt, Germany
Printed on acid-free paper from responsible sources.

The present work has been carefully prepared. Nevertheless, authors and publishers do not incur liability for the correctness of information, notes, links and advice as well as any printing errors.

GRIN web shop: https://www.grin.com/document/1368818

Trabajo sobre Ciencia, Tecnología y CTS.

Título: El desarrollo de la habilidad, resolver problemas combinatorios en la Matemática aplicada con enfoque de ciencia tecnología sociedad.

Cienfuegos, Octubre del 2022.

"Año 64 de la Revolución"

Resumen

La enseñanza de las ciencias con enfoque Ciencia Tecnología Sociedad (CTS) es un imperativo de esta época. En el presente trabajo se devela un problema social causado por el tipo de Ciencia y Tecnología Didáctica que se aplica en el desarrollo de habilidades para la resolución de problemas de combinatoria en la Matemática Aplicada de la carrera sistema información en salud; En la búsqueda de la solución se analiza el estado del arte del tratamiento de este contenido, y se propone una estrategia orientada a perfeccionar el desarrollo de habilidades para la resolución de problemas combinatorios de la matemática aplicada con enfoque CTS. Al final se incluye un conjunto de valoraciones del impacto de la estrategia, su factibilidad y usabilidad.

Palabras clave: Enfoque CTS, Matemática discreta, Combinatoria, Habilidades, Problemas.

Summary

The teaching of science with a Science Technology Society (CTS) approach is an imperative of these times. In the present work, a social problem caused by the type of Didactic Science and Technology that is applied in the development of skills for the resolution of combinatorics problems in Applied Mathematics of the health information system career is revealed; In the search for the solution, the state of the art of the treatment of this content is analyzed, and a strategy aimed at improving the development of skills for solving combinatorial problems of applied mathematics with a CTS approach is proposed. At the end, a set of evaluations of the impact of the strategy, its feasibility and usability are included.

Keywords: CTS approach, Discrete Mathematics, Combinatorics, Skills, Problems.

Introducción

Desde el año 1976 el Ministerio de Salud Pública, asumió el encargo social de la formación de los profesionales que requiere el Sistema Nacional de Salud, en los Centros de Educación Médica Superior de Ciencias Médicas. La carrera Tecnología de la Salud surge, a partir del curso 2002-2003, por la necesidad del Ministerio de Salud Pública de suplir el déficit de recursos humanos técnicos de la salud, existente en el país, unido a la necesidad de superación de los técnicos formados a partir de los años 80 en los Institutos Politécnicos de la Salud. Frente a esta demanda, comienzan las transformaciones de los Centros de Enseñanza Técnica Profesional de la Salud, en Centros de Educación Superior. Estos cambios forman parte de uno de los programas priorizados de la Revolución, dentro de la Batalla de Ideas, como parte del empeño por garantizar el acceso a la universidad de todos o la mayoría de los jóvenes, a través de la universalización de la Enseñanza Superior, convirtiendo cada institución de salud en un escenario docente.

El conocimiento constituye un factor decisivo para lograr el desarrollo social. La conversión de la ciencia en fuerza productiva directa, proceso que previó Marx muy anticipadamente, la ha convertido, en su alianza con la tecnología, en una fuerza material de extraordinarias proporciones. A esto se suma que el conocimiento, la ciencia y la tecnología ejercen también una influencia cultural enorme, generando nuevos símbolos, valores, modificando los estilos de pensamiento, transformando nuestras condiciones de vida y generando procesos que influyen directamente en dicho desarrollo.

El desarrollo científico y tecnológico es una de los factores más influyentes de la sociedad contemporánea. La globalización mundial, polarizadora de la riqueza y el poder, sería impensable sin el avance de las fuerzas productivas que la ciencia y la tecnología han hecho posibles. Los poderes políticos y militares, la gestión empresarial, los medios de comunicación masiva, descansan sobre pilares científicos y tecnológicos.

Por todo lo anteriormente expuesto consideramos que los estudios sobre ciencia, tecnología y sociedad (CTS), constituyen actualmente un poderoso campo de trabajo donde se trata de comprender el fenómeno científico-tecnológico contextualizadamente, tanto en relación con los aspectos que socialmente lo condicionan como en lo que atañe a sus implicaciones sociales y medio ambientales.

El enfoque general es de carácter crítico, con respecto a la clásica visión esencialista y triunfalista de la ciencia y la tecnología, y también de carácter interdisciplinar, concurriendo en él, disciplinas como la filosofía y la historia de la ciencia y la tecnología, la sociología del conocimiento científico, la teoría de la educación y la economía del cambio técnico. CTS se origina a partir de nuevas corrientes de investigación empírica en filosofía y sociología, y de un incremento en la sensibilidad social e institucional sobre la necesidad de una regulación pública del cambio científico-tecnológico.

El creciente caudal de conocimientos científicos y tecnológicos, muchos de ellos disruptivos, impone el reto a las Universidades de buscar vías para perfeccionar la formación de los futuros profesionales, para que aprendan toda la vida, y para que tomen decisiones acertadas sobre los aportes a asimilar o crear, considerando valores innovativos, económicos, medioambientales, éticos, patrióticos y de impacto social. El desarrollo de habilidades para resolver problemas pasa a ser un asunto cardinal del proceso de enseñanza-aprendizaje universitario. En relación al concepto problema, se asume la definición de Mazario (2009, p. 13): "Situación o dificultad prevista o espontánea con algunos elementos desconocidos por el sujeto, pero capaz de provocar la realización de acciones sucesivas para darle solución". Se está de acuerdo con que "La resolución de problemas se considera una habilidad, y como tal se caracteriza y estructura posteriormente, todo ello en base a determinadas acciones, que son las que permiten acceder a las vías para resolver problemas", y que la habilidad para resolver problemas es "el proceso que implica la realización de una secuencia de acciones para la obtención de una respuesta adecuada a una dificultad con la intensión de resolverla, es decir la satisfacción de las exigencias (meta, objetivo) que conducen a la solución del problema matemático"(Mazario, 2009, p. 13).

Lo anterior revela la existencia de reservas en cuanto a la elevación del nivel de desarrollo de la habilidad para resolver problemas combinatorios.

Este problema social puede ser enunciado formalmente de la siguiente forma: El enfoque Ciencia, Tecnología sociedad (CTS) con que se realiza el actual proceso de desarrollo de habilidades para la resolución de problemas de combinatoria en la Matemática aplicada de la carrera sistema de información en salud.

En aras de contribuir a dar solución al problema planteado, resulta lógica la formulación de las siguientes interrogantes:

I.   ¿Cuáles son los presupuestos del enfoque CTS?

II. ¿Qué tipo de contribución actual se está manifestando en el proceso actual de desarrollo de la habilidad resolver problemas de combinatoria en la Matemática Discreta de la carrera Ingeniería en Ciencias informáticas?

III. ¿Cómo perfeccionar el enfoque CTS en el desarrollo de la habilidad resolver problemas de combinatoria en la Matemática Discreta de la carrera Ingeniería en Ciencias informáticas?

Desarrollo

Materiales y métodos Para realizar la propuesta se realizó el análisis de los planes de estudio de las carreras de técnico sistema de información en salud en la universidad Ciencias Médicas de Cienfuegos, el programa analítico, el P1, y las fuentes bibliográficas de la asignatura Matemática aplicada, tales como los libros de Johnsonbaugh, R., Rosen, K., Grimaldi, R., Nieto, J., Bogart, K. y Kolman et al, se realizó la consulta de varias publicaciones que abordan el tratamiento de la combinatoria en diferentes niveles de aprendizaje. Se estudiaron además diversas publicaciones relacionadas con los problemas sociales en el marco de la agenda Ciencia Tecnología Sociedad, con la didáctica general del desarrollo de habilidades, y mediante la aplicación del aprendizaje basado en problemas (ABP), las estrategias de gamificación, con el empleo de las tecnologías de la información y comunicación (TIC).

Resultados y discusión Como punto de partida para valorar el tratamiento de los problemas sociales de la ciencia y la técnica en la enseñanza aprendizaje de la matemática aplicada, en las tecnologías, se asumen las definiciones de

Ciencia y Tecnologías adoptadas y recreadas por Nuñez Jover (1999) en su obra "La Ciencia y la Tecnología como procesos sociales. Lo que la educación científica no debería olvidar". Nuñez Jover (1999) subscribe la idea de Kröber (1986): "entendemos la ciencia no sólo como un sistema de conceptos, proposiciones, teorías, hipótesis, etc., sino también, simultáneamente, como una forma específica de la actividad social dirigida a la producción, distribución y aplicación de los conocimientos acerca de las leyes objetivas de la naturaleza y la sociedad. Aún más, la ciencia se nos presenta como una institución social, como un sistema de organizaciones científicas, cuya estructura y desarrollo se encuentran estrechamente vinculados con la economía, la política, los fenómenos culturales, con las necesidades y las posibilidades de la sociedad dada" (Núñez Jover, 1999, p. 15). "La tecnología, por tanto, no es autónoma en un doble sentido: por un lado, no se desarrolla con autonomía respecto a fuerzas y factores sociales, y, por otro, no es segregable del sociosistema en que se integra y sobre el que actúa (como elemento que es de su sociosistema, su aplicación a otros sociosistemas diferentes puede acarrear problemas y efectos imprevistos). La tecnología forma una parte integral de su sociosistema, contribuye a conformarlo y es conformada por él. No puede, por tanto, ser evaluada independientemente del sociosistema que la produce y sufre sus efectos". (Núñez Jover, 1999, p. 21). De lo anterior se concluye con que un problema social se manifiesta cuando existen contradicciones entre los intereses de la sociedad y las consecuencias que se derivan de determinadas aplicaciones de la ciencia y la tecnología. Al respecto, Sanmartín (1994) señala que en todo problema es importante identificar las partes interesadas y la identificación de la naturaleza de su interés. Esta identificación indicará la gama de valores sociales y políticos, involucrados en la evaluación, y ayudará a definir los impactos importantes y los sectores que han de ser atendidos. (p.9) Se está de acuerdo con Sanmartín (1994), cuando señala que los problemas sociales pueden ser de tal índole "que no se alcance a percibir sus reales dimensiones hasta que sea demasiado tarde para controlarlos" (p.5). Crecimientos exponenciales se manifiestan con la desaparición de numerosas especies animales y vegetales por factores tales como los incendios descontrolados en la selva amazónica, la polución ambiental. Cómo se ha visto, los niveles de crecimiento de casos durante la actual pandemia de la

5

COVID 19 son también exponenciales. La combinatoria da fundamentación a la importante teoría de los juegos combinatorios. A nivel global, al ser analizadas las complejas relaciones entre Ciencia, Tecnología y Sociedad (CTS), surge un grupo de problemáticas que han sido agrupadas para su estudio en las siguientes temáticas: Impacto de las nuevas tecnologías, Evaluación social de las tecnologías, Riesgo tecnológico, Participación pública en ciencia y tecnología, Democratización de la PCT, Gestión de la ciencia y la tecnología, Problemas éticos vinculados a ciencia y tecnología, y por último Género y ciencia.

Dichas temáticas integran la denominada agenda CTS. Se coincide con Núñez Jover (2017) cuando reclama de las Universidades la modificación de las actuales agendas de ciencias y tecnologías en pro de la innovación, para acercarlas a los problemas sociales de modo que se dé respuesta a las siguientes preguntas de gran importancia humana y social:" ¿Qué tecnología se está produciendo?, ¿Qué tecnología no se está produciendo?, Tecnología para qué?, ¿Tecnología para quién?, ¿Cuáles son las prioridades?" (Núñez, 2017, p. 19)

Al considerar que la matemática aplicada se imparte a través de modelos de enseñanza-aprendizaje, ella será vista como ciencia y tecnología que impacta socialmente en los estudiantes. Este trabajo se inscribe en el sexto asunto de la agenda CTS: Gestión de la ciencia y la tecnología, en este caso didáctica.

Enfoque CTS que se manifiesta en el proceso de desarrollo actual de la habilidad resolver problemas de combinatoria en la Matemática aplicada de la carrera licenciatura en sistema de información en salud.

Cuando se hable de enfoque CTS en el desarrollo de habilidades para la resolución de problemas de combinatoria en la Matemática aplicada se hará referencia a dos aspectos entrelazados:

- El cumplimiento de los objetivos de la carrera licenciatura en sistema de información en salud, donde su busca el logro de un aprendizaje significativo que permita al estudiante la resolución creativa de problemas.

- La contribución de la teoría combinatoria al desarrollo en los futuros licenciados en sistema de información en salud de una conciencia del impacto social que conlleva el empleo de la ciencia y la técnica.

En la Universidad de las Ciencias Médicas de Cienfuegos, la Matemática aplicada es una asignatura del Departamento que tributa al objetivo común de "contribuir al pensamiento lógico y computacional de los estudiantes, prepararlos para modelar y aplicar creativamente, y con enfoque científico, métodos de razonamientos lógicos, matemáticos, probabilísticos, heurísticos, y meta heurísticos en la solución de problemas relacionados con la toma de decisiones para racionalizar u optimizar los procesos y recursos de las organizaciones"

Dificultades que afronta el proceso de desarrollo de habilidades para resolver problemas de combinatoria en la Matemática aplicada II Las tabulaciones de errores de las respuestas escritas por los estudiantes evaluación del contenido de la teoría combinatoria, reflejan la existencia de dificultades con la interpretación de textos y la identificación de los modelos apropiados para dar solución a los problemas propuestos, esto provoca en los estudiantes una disminución del sentido de autoeficacia y de las capacidades autorregulatorias. A nivel internacional Lockwood (2013), Lockwood (2014), Lockwood (2015), Godino (2016), Mneimneh (2017) y Meika (2018) coinciden en identificar deficiencias en el desarrollo de las habilidades necesarias para resolver problemas de combinatoria: Interpretar textos, identificar, representar lo dado y lo buscado, seleccionar cuales principios y fórmulas a emplear, modelar situaciones y comprobar. Se coincide con que "constituye un reto significativo cuando se resuelven problemas de conteo el poder lograr el autoconvencimiento de que cada uno de los resultados deseados ha sido contado exactamente una vez". (Mneimneh S., 2017, pág. 101). Según Batanero et al (1997) "los estudiantes de nivel preuniversitario que resuelven problemas combinatorios cometen errores con la enumeración no sistemática de casos lo que provoca la ocurrencia de omisiones, uso incorrecto de diagramas de árboles, errores de orden al confundir r-permutación con combinación y viceversa; confusión con los tipos de objetos a contar o con las características de los subconjuntos (o de tuplas) en los modelos de partición, distribución o partición" (pp. 301-304). Es necesario señalar que en todos los niveles educativos en que se imparte la combinatoria se manifiestan problemas similares. Existe consenso en cuanto a las dificultades que ofrece el contenido combinatorio para los estudiantes a todos los niveles y de la necesidad de encontrar métodos de enseñanza más eficientes. Investigar esta problemática resulta pertinente si se tiene en cuenta lo expresado en los lineamientos 117 y 122, aprobados en el VII Congreso del PCC, donde se recoge la necesidad de elevar la calidad y rigor del proceso docente educativo (PDE), y de actualizar los programas de formación e investigación en función de las necesidades del desarrollo y la actualización del modelo económico y social.

Tratamiento de la teoría combinatoria según el programa analítico de Matemática Aplicada en la carrera licenciatura en sistema información de salud en la universidad Ciencias Médicas. El programa analítico tiene el objetivo instructivo de solucionar problemas de pequeña complejidad utilizando adecuadamente los contenidos de la teoría combinatoria, para su posterior aplicación en las Ciencias Informáticas; el sistema de conocimiento abarca los principio de la suma, de la multiplicación y de las casillas, los conteos mediante permutaciones y combinaciones, las permutaciones y combinaciones generalizadas, el teorema del binomio y el triángulo de Pascal. El sistema de habilidades incluye conocer y comprender los conceptos y procedimientos esenciales de la Teoría combinatoria, resolver problemas de conteo utilizando los principios básicos de suma y la multiplicación, resolver problemas de conteo utilizando los conceptos de permutaciones y combinaciones, resolver problemas y realizar demostraciones utilizando el principio de las casillas conjuntamente con los demás conceptos y procedimientos de la teoría combinatoria, y resolver problemas de conteo con el empleo de las permutaciones y combinaciones generalizadas, los coeficientes binomiales e identidades combinatorias.

Dada la manera en que se estructuran los contenidos del tema queda implícita la orientación de que el aprendiz que busca resolver problemas combinatorios considere en primer lugar la posibilidad de que se cuenten conjuntos donde se repitan o no sus elementos y en segundo lugar si se tendrá en cuenta o no el orden de aparición de dichos elementos. El orden de los análisis para resolver problemas combinatorios es inverso al orden cronológico de impartición del contenido. Este tema exige el aprendizaje de modelos simples que pueden complejizarse cuando se combina más de uno; Esta complejidad crea confusión e incertidumbre en el estudiante acerca de los pasos dados, y puede explicar los bajos resultados en las evaluaciones a corto, mediano y largo plazo. El análisis de las fuentes bibliográficas del tema revela que el proceso de ir del enunciado o situación al concepto que permite resolverlo, y que parte de la necesidad de descomponer el problema en partes no aparece claramente en ningún libro. Son pobres las referencias del uso de herramientas de representación de las situaciones problemáticas basadas en árboles y otros tipos de grafo, y se desaprovechan las posibilidades que ofrecen las estrategias que permiten que los estudiantes eleven su protagonismo como agente activo de su propio aprendizaje.

Fundamentación de una estrategia didáctica

Valle (2012) define las estrategias como "un conjunto de acciones secuenciales e interrelacionadas que partiendo de un estado inicial (dado por el diagnóstico) permiten dirigir el paso a un estado ideal consecuencia de la planeación" (Valle Lima, 2012, p. 188).Se asume entonces que una estrategia didáctica es "el conjunto de acciones secuenciales e interrelacionadas que partiendo de un estado inicial y considerando los objetivos propuestos permite dirigir el desarrollo del proceso de enseñanza-aprendizaje en la escuela" y que toda estrategia debe tener "Misión, objetivos, acciones, métodos y procedimientos, recursos, responsables de las acciones y el tiempo en que deben ser realizadas, las formas de implementación y las formas de evaluación". (Valle Lima, 2012, p. 190). En toda estrategia de enseñanza-aprendizaje es esencial tener en cuenta los principios didácticos enunciados por G. Labarrere y G. Valdivia en 1988 y que se relacionan con el carácter educativo y científico de la enseñanza, la asequibilidad, sistematización de la enseñanza, relación entre la teoría y la práctica, el carácter consciente y activo de los alumnos bajo la guía del profesor, la solidez de la asimilación de los conocimientos, habilidades y hábitos, la atención a las diferencias individuales dentro del carácter colectivo del proceso docente – educativo, el carácter audiovisual de la enseñanza: unión de lo concreto y lo abstracto, y la necesidad de un diagnóstico integral de la preparación del alumno para las exigencias del proceso de enseñanza aprendizaje, nivel de logros y potencialidades en el contenido de aprendizaje, desarrollo intelectual y afectivo valorativo. Se coincide con Entwistle (1995) citado por Ferreira (2020, p.7) en que "promover la actividad del alumno es importante, pero la forma en que esta actividad se procesa es crucial. La actividad más adecuada no viene de ningún método de enseñanza en particular, sino de una organización cuidadosa de todo el entorno de aprendizaje, incluida la aplicación de sistemas de evaluación que valoren métodos de estudio activos y profundos". Resulta esencial que con la estrategia didáctica se tienda hacia una concepción de enseñanza centrada en el alumno y orientada al aprendizaje de modo que se potencien los procesos de autorregulación en el estudiante los cuales según Zimmerman (2000) citados por Ferreira (2020, p. 10) "implican la definición de objetivos personales, la planificación estratégica, la organización y codificación de la información, la metacognición, el fortalecimiento de las creencias de automotivación, evaluación y autorreflexión".

Estrategia didáctica dirigida al desarrollo de habilidades para resolver problemas de combinatoria La estrategia didáctica tiene como misión y objetivo contribuir al desarrollo de la habilidades necesarias para resolver problemas de combinatoria con enfoque CTS, teniendo en cuenta las destrezas que deberán poseer los futuros profesionales de ingeniería que actuaran en el marco de la cuarta revolución industrial de manera sustentable: "Él pensamiento analítico e innovación, el aprendizaje activo y de estrategias de aprendizaje, la creatividad, originalidad e iniciativa, el diseño de tecnologías y programación, el análisis y pensamiento crítico, el desarrollo de la inteligencia emocional y la aplicación de sistemas de análisis y evaluación" (F. Mohd Kamaruzaman, 2019, p.24).

En la figura 1 se presentan las acciones, métodos y procedimientos de la estrategia.

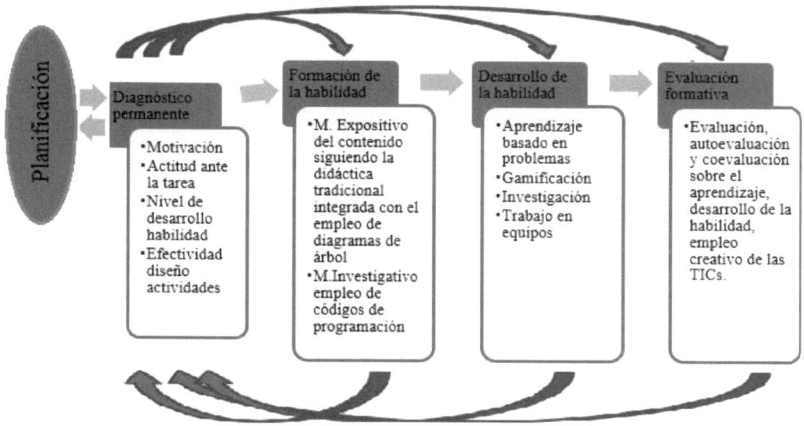

Figura 1: Acciones, métodos y procedimientos de la estrategia didáctica para desarrollar la habilidad resolver problemas de combinatorias con enfoque CTS

Comentarios sobre la aplicación de los diagramas de árboles en la modelación combinatoria.

La utilización de formas de representación gráfica de las situaciones problemáticas es fundamental para potenciar el desarrollo de la habilidad resolver problemas combinatorios pues se acude así a un lenguaje de gran poder descriptivo que facilita la comprensión. Autores como Fischbein (1975), Batanero, Navarro-Pelayo y Godino (1997), Roa (2001), Diaz y de la Fuente (2005), Roldán, Batanero y Beltrán (2018) han ponderado positivamente las potencialidades de los diagramas de árbol en la representación de los problemas, y han estudiado su uso en el proceso de búsqueda de la solución. Fischebein (1975) citado por Roldan(2018, p. 52) destaca las posibilidades de los diagramas de árbol para la generalización iterativa (Problemas sucesivos con un número mayor de elementos cada vez), para la generalización constructiva (Problemas derivados de uno inicial), y para representar procesos recursivos, pues un árbol de n etapas se obtiene de uno de n-1 etapas, este a su vez de otro de n-2 etapas, y así sucesivamente. Se coincide con Roldan (2018, p. 52) cuando señala que la enseñanza actual no dedica demasiado tiempo al aprendizaje de los diagramas de árbol. El conteo utilizando representaciones con diagramas de árboles se apoya en la aplicación de los principios de la suma (para todas las ramas que parten de un nodo dado), y de la multiplicación (cuando se multiplican los conteos que reflejan las ramas que aparecen a lo largo de un camino que parte de la raíz hasta llegar a la hoja). Todo ello permite interpretar de manera sencilla los teoremas de la probabilidad total y el teorema de bayes en las probabilidades y estadísticas.

Comentarios en relación al empleo de códigos de programación para resolver problemas de conteo. El futuro ingeniero en ciencias informáticas debe familiarizarse con la interpretación de los códigos de programación, por lo que resulta muy favorable que pueda aplicar alguno de los algoritmos para la generación de permutaciones y combinaciones; De manera general, actualmente en la asignatura no se orienta a los aprendices el estudio de estos algoritmos, pero dado su potencial formativo en cuanto a la transferencia de significados, la operación con cadenas, y arreglos la estrategia incluye la investigación en este contenido a partir de su presencia en diversas fuentes de matemática discreta. Implementación del aprendizaje basado en problemas De acuerdo con las regularidades planteadas por Rico (2018, pp. 7-8) en relación con el Aprendizaje Basado en Problemas (ABP), se solicitó a los estudiantes la búsqueda de conexiones de cada nuevo concepto aprendido o problema resuelto con sus conocimientos previos, y con sus prácticas como futuro profesional de la informática. Este tipo de vínculo tiene que servir de base para la argumentación de los procedimientos aplicados en la solución de los problemas y como herramienta de representación. Se estimuló además la utilización de esquemas de representación de la información y la clasificación de los tipos de soluciones y su aplicabilidad en próximos problemas. Para estimular la participación estudiantil la estrategia establece la conformación por los estudiantes de equipos de dos o tres miembros. Se realizó una distribución entre los equipos de los problemas combinatorios programados para las clases prácticas, y el estudio independiente. Se solicitó a los estudiantes que enriquecieran sus respuestas con el empleo de alguna de las tecnologías a su disposición, incluyendo las móviles y la programación. Se negoció con los estudiantes el cambio de problemas originales por otros propuestos por los aprendices, y que cumplen los objetivos didácticos.

En las clases prácticas se fomentó el debate de soluciones bajo los presupuestos del enfoque CTS, y procurando la participación de los estudiantes. Se promovió el análisis de las formulaciones erróneas para fortalecer el aprendizaje. En aras de propiciar la evaluación, coevaluación y autoevaluación, se estimuló el trabajo de los equipos en pares ponencia-oponencia, al extremo de que siempre un equipo propusiera la evaluación del otro atendiendo al desempeñado. Cada equipo tuvo la oportunidad se autoevaluar su labor. Considerando los criterios emitidos por los participantes y el nivel de cumplimiento de los objetivos trazados, el docente formuló la evaluación sistemática para los equipos y estudiantes.

La gamificación en el desarrollo de habilidades De acuerdo con Sánchez (2015), Llorens-Largo (2016), Pérez-López y Rivera García (2017) la Gamificación consiste en la utilización de las metodologías del juego para "trabajos serios" como un modo de incrementar la concentración, el esfuerzo, y la motivación fundamentada en el reconocimiento, la diversión, el logro, la competencia, la colaboración, la autoexpresión y todas las potencialidades educativas compartidas por las actividades lúdicas. En la estrategia didáctica que se presenta se incluye la realización de dos actividades de gamificación relacionadas con el béisbol y el futbol combinatorio. Los estudiantes divididos en equipos con refuerzos deben proponer y contestar problemas combinatorios asumiendo los diferentes roles de ambos juegos deportivos, se planifican estrategias para dar respuesta a las distintas situaciones del juego de manera parecida a la realidad. A partir de la experiencia alcanzada en la ejecución de la actividad, se ofreció a los estudiantes la posibilidad de enriquecer las dinámicas de juego.

Resultados alcanzados en la aplicación de la estrategia propuesta. La estrategia propuesta resultó ser factible pues no implicó alteraciones en el plan de estudio ni consumo de recursos materiales o humanos extraordinarios, solo hay que realizar cambios en la concepción estratégica para dotar a la formación matemática con un mejor enfoque CTS, lo cual conlleva a una mayor coordinación de los decisores del proceso de enseñanza aprendizaje, en pos del objetivo propuesto. La usabilidad de la propuesta de estrategia se manifiesta en la utilización de manera racional todos los recursos materiales y humanos disponibles, con una mayor participación de los estudiantes en su aprendizaje.

Se trabajó con el diagnóstico, las formas de representación de situaciones problemáticas, la significatividad del contenido, el desarrollo de habilidades y la formación de valores. Como resultado de este trabajo se alcanzó una elevación de los niveles de transferencia al aplicarse la modelación mediante diagramas de árboles a un mayor número de situaciones y al validar las soluciones alcanzadas con el empleo de códigos de programación, esto produjo una mayor vinculación entre la matemática discreta y la programación. Se elevó el desarrollo de capacidades investigativas en los estudiantes lo que se refleja en una mayor participación de los estudiantes en eventos científicos, desarrollo de aplicaciones apk y trabajos de investigación. Se elevó la dedicación y el disfrute de los estudiantes producto de las actividades de gamificación y se alcanzó un mejor empleo de las tecnologías móviles en función del aprendizaje.

Conclusiones

Dado que la teoría combinatoria constituye uno de los núcleos básicos de la asignatura matemática básica, y que el aprendizaje de este contenido se basa en la resolución de problemas, en este artículo se presentan las componentes principales de una estrategia didáctica dirigida a potenciar el desarrollo de las habilidades necesarias para resolver problemas de combinatoria con enfoque CTS. La estrategia busca solución a la cuestión de enseñar al aprendiz a lidiar con los distintos modelos simples, propios de la teoría combinatoria, y de sus posibles combinaciones para la solución de problemas más complejos. Se destaca el tratamiento del contenido utilizando diagramas de árboles, códigos de programación, así como la utilización de la gamificación para promover el aprendizaje activo de los estudiantes. La utilización del diagnóstico permanente es esencial para valorar la calidad de la participación de los estudiantes, su motivación, para contribuir a la evaluación formativa, así como para perfeccionar el diseño de actividades y su perfeccionamiento. El tratamiento con un enfoque CTS del desarrollo de la habilidad resolver problemas combinatorios se pone de manifiesto con el logro de un mayor grado de cumplimiento de los objetivos de la carrera y de la disciplina, establecido en el plan de estudio de la licenciatura sistema de información de la salud.

Referencias bibliográficas

- Batanero, J. G.-P. (1997). Combinatorial Reasoning and its assessment. En I. &. Gal, The Assessment Challenge in Statistics Education. (págs. 239-252). IOS Press.

- Faraón Llorens-Largo, e. a. (2016). Gamificación del Proceso de Aprendizaje. Lecciones Aprendidas. VAEP-RITA. Vol 4. Núm 1., 25-32.

- F. Mohd Kamaruzaman, R. H. (2019). Comparison of Engineering Skills with IR 4.0 Skills. iJOE, 15(10), 15-28. doi:https://doi.org/10.3991/ijoe.v15i10.10879

- Ferreira, M. P., & Olcina-SeLCINA-Sempere, G. (2020). La pedagogía en la enseñanza superior: La mejora en las prácticas académicas. Revista Docência do Ensino Superior,, v. 10(e015837), 1-18.

- García, A. H. (2016). Matemática Discreta para Ingenieros Informáticos. La Habana.

- Godino, J. B. (2016). Implicaciones de las relaciones entre Epistemología e Instrucción Matemática para el Desarrollo Curricular: el caso de la Combinatoria. Trabajo realizado en el marco de los proyectos de investigación, ED, 8.

- Godino, J. D. (2015). Articulación de la indagación y transmisión de conocimientos en la enseñanza y aprendizaje de las matemáticas. Bogotá. Colombia: Universidad de la Sabana.

- Henderson P, B. (2018). Problem Solving. Discrete Mathematics and Computen Science. N.Y.: Stony Brook, State University of NY. Obtenido de https://www.researchgate.net/publication/316517679

- Meika, D. S. (2018). Students' errors in solving combinatorics problems observed from the characteristics of RME modeling. J. Phys.: Conf. Ser.

948 012060. IOP Conf. Series: Journal of Physics: Conf. Series 948(2018) 012060 doi :10.1088/1742-6596/948/1/012060.

- Johnsonbaugh, R. (2005). Matemática Discreta. Sexta edición. México: Pearson Education. ISBN 970-26-0637-3. México 2005.

- Lockwood, E. R. (2015). CATEGORIZING STATEMENTS OF THE MULTIPLICATION PRINCIPLE. PMENA 37. Proceedings of de thirty seventh anual meeting of the north chapter of the international group for the psychology of mathematics education. Noviembre, (pág. 80). East Lansing, Michigan.

- Loockwood, E. (2013). A model of students' combinatorial thinking. journal of mathematical behavior 32. (2013).(32), 251-265. doi:ng. journal of mathematical behavior 32. (2013). pp. 252-265. Journal homepaghttp://dx.doi.org/10.1016/j.jmathb.2013.02.008.

- Loockwood, E. (2014). A set-oriented perspective on solving counting problems. For the Learning of MathematicsJuly 2014., 30-37. Recuperado el 3 de 10 de 2019, de https://www.researchgate.net/publication/264239813

- Manzueta, J. A. (2018). Debates y perspectivas del proceso de formación y desarrollo de las competencias matemáticas en las carreras de ingeniería. Didasc@lia: Didáctica y Educación. ISSN 2224-2643. Vol. IX. Año 2018. Número 4, Octubre-Diciembre. 2018.(4), 14.

- Meika, I. e. (2018). Students' errors in solving combinatorics problems observed from the characteristics of RME modeling. Journal of Physics: Conference Series. (948 012060), 7. doi:10.1088/1742-6596/948/1/012060

- MINSAP. Cuba. (octubre de 2022). Plan de estudios. La Habana, Cuba.

- Mneimneh S., N. A. (2017). Counting with Code. Consortium for Computing Sciences in Colleges 2017, 112-121.

16

- Navarro-Pelayo, V., & Batanero, C. G. (12 de 03 de 1996). Razonamiento combinatorio en alumnos de secundaria. Educación matemática, 1(8), 26-39. Obtenido de http://www.ugr.es/batanero/pages/ARTICULOS/RAZON.pdf

- Nuñez Jover, J. (1999). La ciencia y la tecnología como procesos sociales.Lo que la educación científica no debería olvidar.

- Nuñez Jover, J. (2017). Conocimiento, universidad y desafíos del desarrollo. En V. Páez Suárez, & D. C. Montenegro (Ed.), La Didáctica de la Educación Superior y la formación profesional ante los retos del siglo XXI (Vol. 1, pág. 320). La Habana, Cuba: Educación Cubana. ISBN: 978-959-18-1218-6. Obtenido de www. ucpejv.edu.cu, www.cimex.cu

- Rico, B. G. (2018). Implementación del aprendizaje basado en proyectos como herramienta en asignaturas de ingeniería aplicada. iberoamericana para la Investigación y el desarrollo educativo. Vol. 9, Núm. 17 Julio - Diciembre 2018. doi: 10.23913/ride.v9i17.372

- Roldán, A. F.-P. (2018). El diagrama de árbol: un recurso intuitivo en Probabilidad y Combinatoria. Épsilon: Revista de Educación Matemática, n° 100(100), 49-63.

- Rosen, K. (2012). Discrete Mathematics and Its Applications. En K. Rosen, Discrete Mathematics and Its Applications (págs. 385-444). New York, NY 10020: McGraw-Hill.

- Sánchez i Periz, F. J. (2015). Gamificación. Education in the Knowledge Society, vol. 16, núm. 2, 13-14.

- Sanmartin, J. (21 de 9 de 1994). Tecnología y Ecología. Muchos problemas y unas pocas soluciones. Obtenido de OEI. Salas de Lectura.

- Valle Lima, A. (2007). Metamodelos de la Investigación Pedagógica. La Habana: Instituto Central de Ciencias Pedagógicas. MINED.

CON GRIN SUS CONOCIMIENTOS VALEN MAS

- Publicamos su trabajo académico, tesis y tesina

- Su propio eBook y libro - en todos los comercios importantes del mundo

- Cada venta le sale rentable

Ahora suba en www.GRIN.com
y publique gratis